Gráfico
Trisección
de un ángulo arbitrario

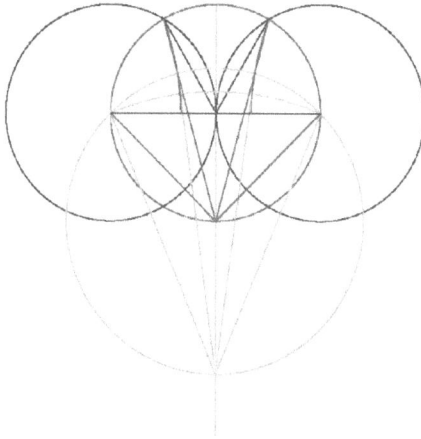

La *solución* al problema *imposible*

de
Harold Florentino LATORTUE, PhD

Publicado originalmente en los Estados Unidos, bajo el título:
Originally published in the USA, under the Title:

Graphic Trisection of an Arbitrary Angle

Copyright © 2017 by FLatortue LLC

EN MEMORIA

De mi Madre,

La 'Dama' Olga Latortue

y

de mi Padre,

El 'Leopardo' Fresnel Casséus

Ustedes dos rechazaron enseñarme como aceptar Límites.

Usted realmente hizo mi vida

ILIMITADO

PENSAMIENTOS ESPECIALES

Iseline Lamarre Calixte

Usted cambió mi mundo.

A mi hijo

Didier Lawrence Latortue

y

a mi hija

Cryst-Ena Latortue

Soy el más feliz de los padres con los mejores hijos del mundo.

Estoy orgulloso de ustedes.

AGRADECIMIENTOS ESPECIALES

A

Caroline

Verdaderamente eres la 'Peste'.

' Ji '

Hane, tú eres **'Vital'**.

ADVERTENCIA 1:

Nadie puede probar que es imposible resolver un problema.

Podemos demostrar solamente que no tenemos de

Solución que hay que ofrecer.

Florentino Latortue

No descubro nuevas teorías matemáticas

Pero

De nuevos modos de reflexionar sobre soluciones matemáticas.

Florentino Latortue

El método FLatortue para resolver la trisectriz de un ángulo arbitrario α, se dirige a todos los que tienen un interés en matemáticas o en geometría. Al gran público, a los estudiantes del nivel secundario intermedio que les presta asistencia a un curso de geometría, a los profesores del secundaria, a los estudiantes y a los profesores de matemáticas a los niveles del ciclo superiora en una universidad, el método Flatortue, de la trisección de un ángulo arbitrario, abastece los conocimientos necesarios de base (para trazar la trisectriz de un ángulo arbitrario con la ayuda de un compás y de una escuadra) que faltaban en los dominios de los estudios matemáticos y de la geometría durante siglos.

El método FLatortue desclasifica la trisección de un ángulo de la clase de 'problema imposible que hay que resolver' al de 'conocimiento de base'. El método FLatortue abre las puertas para resolver el problema de la división de un ángulo arbitrario α en 'n' ángulos iguales cuando es un número primo ('n' igual a 3, 5, 7, 11, etc.).

En este libro, las etapas simples para realizar la trisectriz de un ángulo arbitrario son presentadas así como el análisis algebraico que muestra por qué el método FLatortue matemáticamente es justificado.

Harold Florentino LATORTUE, PhD

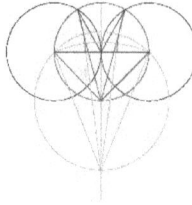

Gráfico: Trisectriz de un Ángulo Arbitrario α°

El Método FLatortue

Introducción:

Nadie puede probar que un problema es imposible resolver. Podemos demostrar solamente que no tenemos solución que hay que ofrecer. Sin embargo, probar o aspirar de ser capaz de resolver un problema clasificado como 'imposible', por ellos todos en el dominio desde el alba de la ciencia, es etiquetado la mayoría de las veces como 'muy presuntuoso'. De hecho, esto explica por qué a tal persona, es descrita por esta citación de: **https://en.wikipedia.org/wiki/Angle_trisection:**

"Porque es definido en términos simples, pero complejo que hay que probar insoluble, el problema de la trisectriz de un ángulo es un sujeto frecuente de tentativas pseudo matemáticas de solución por ingenuos apasionados. Estas 'soluciones' a menudo implican interpretaciones erróneas de las reglas, o son simplemente incorrectas."

La trisectriz de un ángulo arbitrario α, utilizando solamente un compás y una regla no graduada, es clasificada como uno de los problemas geométricos imposibles que hay que resolver hasta hoy. Pierre Wantzel, en 1837, publicó un estudio donde concluyó que la trisectriz de un ángulo arbitrario α es generalmente imposible de trazar con la ayuda de una escuadra y de un compás a excepción de algunos valores característicos de α: 180°, 90°, etc. Hoy, la inmensa mayoría de los matemáticos están de acuerdo con esta afirmación.

No obstante, según la misma lógica, un científico anterior a 1492, habría concluido que la tierra era llana y habría podido fácilmente presentar la prueba matemática de su declaración. Pero Cristóbal Colón guardó sus convicciones de lo contrario. Su carácter 'presuntuoso' le hizo a un hombre muy célebre, cuyo nombre es todavía muy conocido en el mundo entero quinientos veinte - cinco años más tarde.

Pienso que: *'es más difícil de convencer a los seres humanos que usted puede resolver sus problemas 'imposibles' que de encontrar las soluciones'.*

Underwood Dudley escribió:

> 'Un Trisector es una persona que piensa éxito y cree haber encontrado el medio de dividir, con solo ayudante de un compás y de una escuadra, todo ángulo en tres partes iguales. Llega cuando él envió por correo su método y pide su opinión, o (peor) llamada para discutir sobre eso, o (lo peor todavía) se presenta en persona. Usted piensa que el problema de 'cómo negociar con un trisector no es importante; tengo la intención de mostrar a ustedes que es'.

Afortunadamente para la humanidad, el Rey y la Reina de España no compartieron el enfoque de Underwood Dudley.

Trisección de un ángulo arbitraria α

Cuando Cristóbal Colón se presentó en persona para solicitar ayuda para su viaje que condujo al descubrimiento del nuevo mundo, escucharon.

Decidí ser tan arrogante como Cristóbal Colón para definir el objetivo de este estudio para demostrar que la declaración de Pierre Wantzel (1837) es falsa. Pruebo en este libro que hay un medio simple y bastante fácil para resolver el problema 'imposible' de la trisectriz de un ángulo arbitrario α utilizando solamente un compás y una regla no graduada. Este estudio abastece el procedimiento para alcanzar una tal solución para cualquier ángulo de 0° a 360° exactamente utilizando lo que es requerido en el enunciado griego del problema de la trisectriz de un ángulo.

Enunciado del problema:

Entre varias opciones que alguien puede escoger, para definir el problema de la trisección, podemos citar las declaraciones de esta página internet (https://terrytao.wordpress.com/2011/08/10/a-geometric-proof-of-the-impossibility-of-angle-trisection-by-straightedge-and-compass/)

Uno de los problemas más conocidos de los antiguos matemáticos griegos era el de la trisectriz de un ángulo que utilizaba solamente un compás y una regla no graduada. Este problema finalmente ha sido clasificado como imposible en 1837 por Pierre Wantzel, utilizando métodos de la teoría de Galois.

Categóricamente, podemos definir el problema como sigue. Definir una configuración de elementos de una colección terminada C de puntos, de líneas y de círculos en el plano euclidiano. Definir una etapa de la construcción como una de las operaciones siguientes para aumentar la colección C:

- *(Compás) que es dado dos puntos distintos A y B de allí C, forma la línea AB que úne A y B y añádalo a C.*
- *(Compás) que fue dado dos puntos distintos A y B de allí C y dado el tercer punto O de allí C (que puede ser o no igual a A o B), formar el círculo con centro O y de radio igual a la longitud |AB ¦ del segmento contiguo A y B y añádalo a C.*
- *(intersección) Dado dos curvas distintas γ y Y en C (pues γ es una línea o un círculo en C y lo mismo para Y), seleccione un punto P quién es común a γ y a Y (Hay a más dos de tales puntos) y añádalo a C.*

Decimos que un punto, una línea o un círculo allí construible de compás y regla no graduada de una configuración C si puede ser obtenido de C después de haber aplicado un número terminado de etapas de construcción.

La solución geométrica:

1 - Para un ángulo dado $\alpha°$ de ápice A,

Lo que estoy haciendo?

Usted comienza el proceso para dividir el ángulo dado $\alpha°$ en tres (3) ángulos iguales (trisectriz) utilizando solamente una regla no graduada y un compás. El ángulo $\alpha°$ es arbitrario. Su valor o su talla no es conocido. Para este estudio, hacemos nuestro análisis cuando el ángulo $\alpha°$ se sitúa entre $0°$ y $180°$. Para el ángulo $\alpha°$ superiora a $180°$, trabajar en el ángulo $\phi° = 360° - \alpha°$, aplicar el método de FLatortue sobre $\phi°$. Luego sustraer el resultado ($\phi°/3$) de un ángulo de $120°$ para obtener las soluciones para la trisectriz del ángulo $\alpha°$ superior a $180°$.

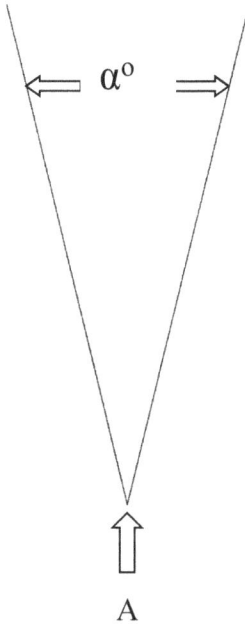

Figura 1 - Para un ángulo dado α° de Ápice A

Trisección de un ángulo arbitraria α
por Harold Florentino LATORTUE, PhD   Página 15

2 - Construir un triángulo isósceles ABC

Lo que estoy haciendo?

Usted define los puntos B y C, que son los puntos llaves para la trisectriz. El segmento BC es el diámetro del círculo trigonométrico que usted va a construir en las etapas próximas. El segmento BC es el eje del coseno. Sin embargo, lo que representa el segmento BC no es importante para la solución gráfica de la trisectriz. Usted debe justo guardar al espíritu los emplazamientos de B y C.

B ⇨ - - - - - - - - - - - ⇦ C

A

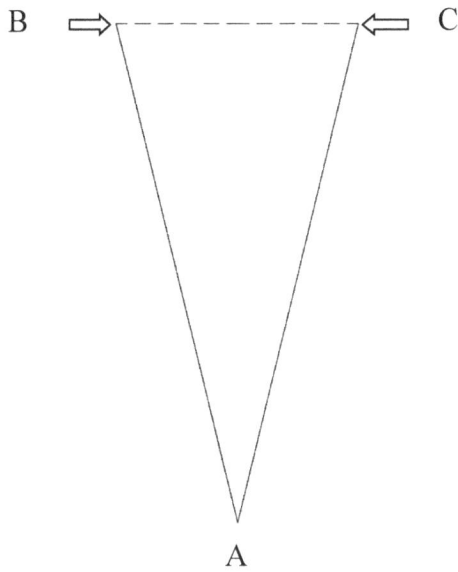

Figura 2 - Construir un triángulo isósceles ABC

Trisección de un ángulo arbitraria α
por Harold Florentino LATORTUE, PhD

3 - Construir la bisectriz del ángulo α^0 de Ápice A

Lo que estoy haciendo?

Usted divide el ángulo BAC en dos ángulos iguales. La línea de la bisectriz define el eje de seno del círculo trigonométrico que usted construirá. Saber que la línea de la bisectriz represente el eje de los senos no es importante para la solución gráfica de la trisectriz. Pero, la bisectriz es la línea más importante del método gráfico de la trisectriz.

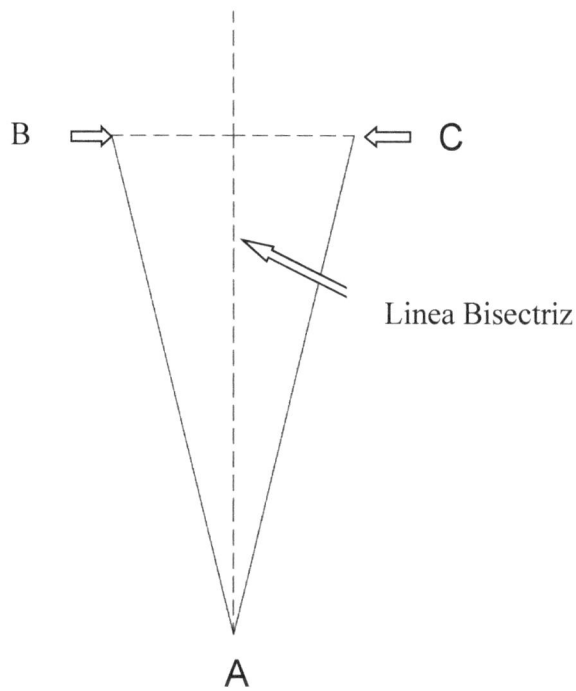

Figura 3 - Construir la bisectriz del ángulo α^0 de Ápice A

4 - Marcar el punto O, intersección de la bisectriz y del segmento BC

Lo que estoy haciendo?

Usted define el punto que divide el segmento BC en dos segmentos iguales BO y OC. El punto O es el centro del círculo trigonométrico que usted construirá. BO y OC son iguales al radio del círculo trigonométrico. Para el método gráfico, lo que son no es importante, sino donde se encuentran.

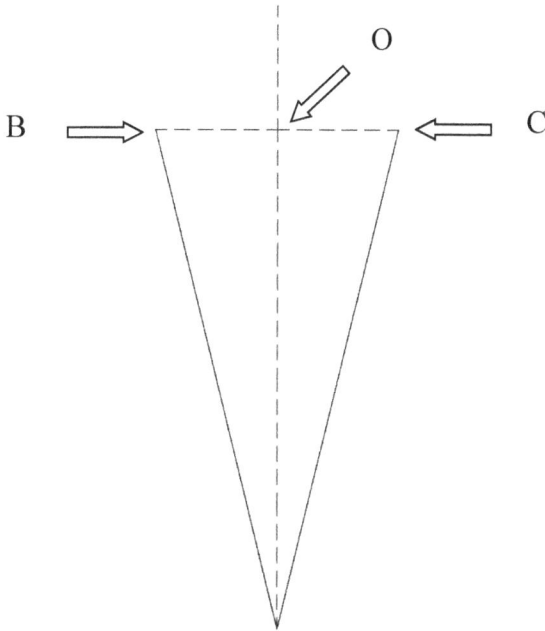

Figura 4 - Marcar el punto O, intersección de la bisectriz y del segmento BC

5 – Trazar el círculo C_1 de centro O y de radio igual al OB

Lo que estoy haciendo?

Usted dibuja el círculo trigonométrico mencionado más arriba.

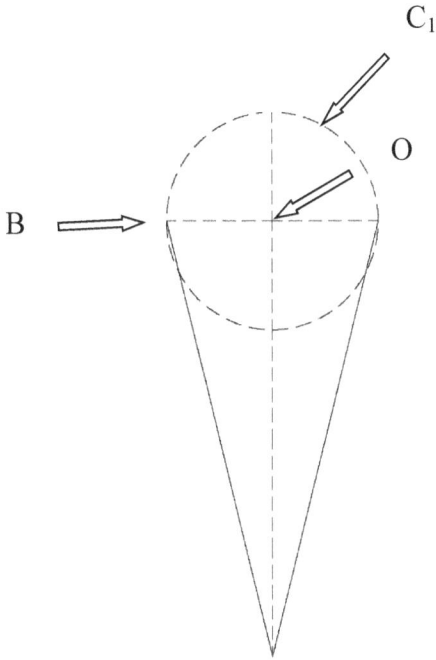

Figura 5 - Trazar el círculo C_1 de centro O y de radio igual al OB

Trisección de un ángulo arbitraria α

por Harold Florentino LATORTUE, PhD

Lo que estoy haciendo?

Usted dibuja el círculo C_2 que, con círculo C_1 y el círculo siguiente, le da todo lo que usted necesita para dividir un ángulo $\alpha°$ de 180° en tres ángulos iguales de 60°.

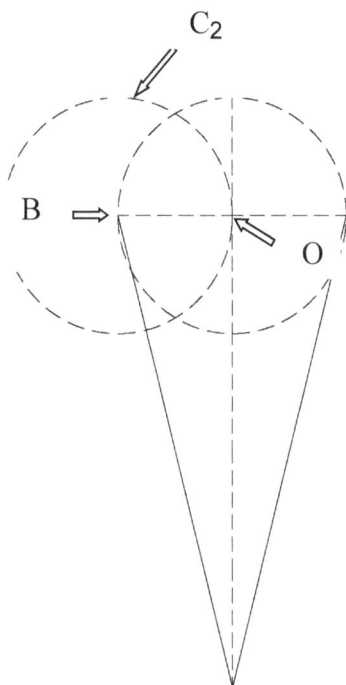

Figura 6 - Trazar el Círculo C_2 de Centro B y de radio igual a BO

Trisección de un ángulo arbitraria α

por Harold Florentino LATORTUE, PhD

Lo que estoy haciendo?

Usted dibuja el círculo C_3 que, con círculo C_1 y el círculo C_2, constituye la base de la trisección de un ángulo de $180°$ en tres ángulos iguales de $60°$.

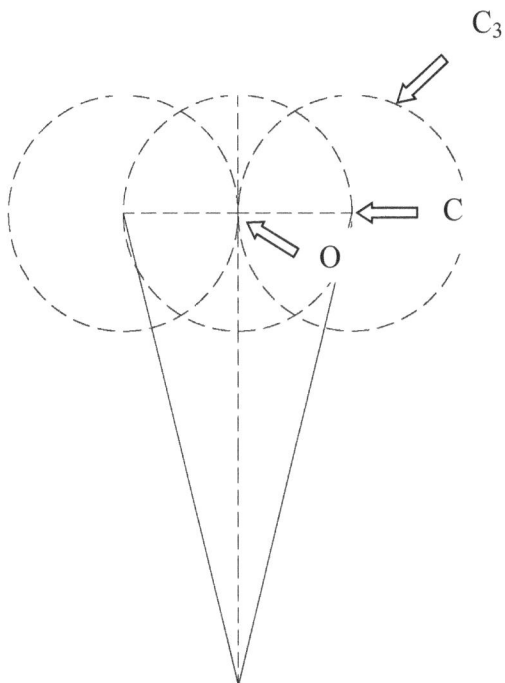

Figura 7 - Trazar el círculo C_3 de Centro C y de radio igual a CO

Trisección de un ángulo arbitraria α
por Harold Florentino LATORTUE, PhD

Lo que estoy haciendo?

Usted encuentra el primer punto de la solución para la trisección de un ángulo de 180°. El ángulo BOD es esta solución y su valor es de 60°.

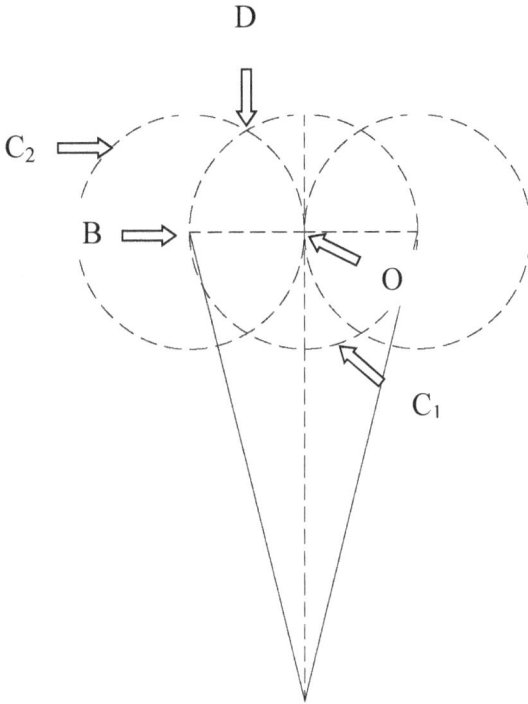

Figura 8 - Señalar D, la intersección superior del círculo C_1 y C_2

9 - Señalar E, la intersección superior del círculo C_1 y C_3

Lo que estoy haciendo?

Usted encuentra el segundo punto de la solución para la trisección de un ángulo de 180°. Los ángulos DOE y EOC son los dos otros ángulos de la solución de la trisección de un ángulo de 180°. Sus valores son de 60°.

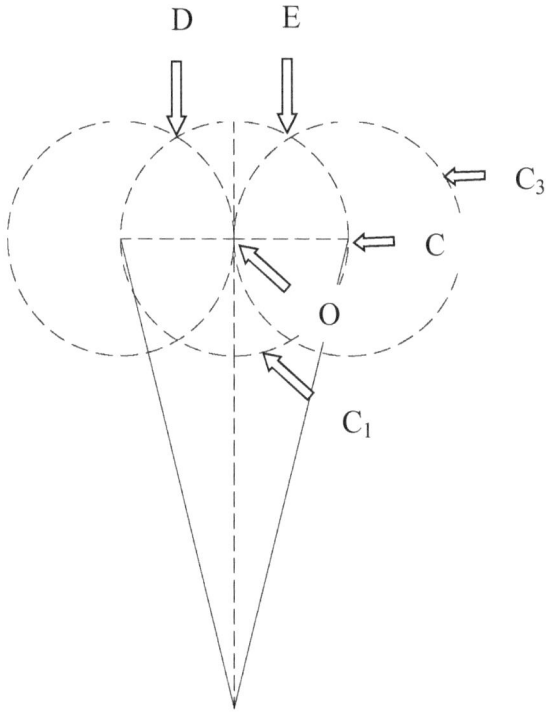

Figura 9 - Señalar E, la intersección superior del círculo C_1 y C_3

10 - Marcar F, la intersección inferior del círculo C_1 y de la bisectriz AO

Lo que estoy haciendo?

Usted marca el centro F del círculo que permitirá resolver el problema de la trisección de un ángulo de 90°.

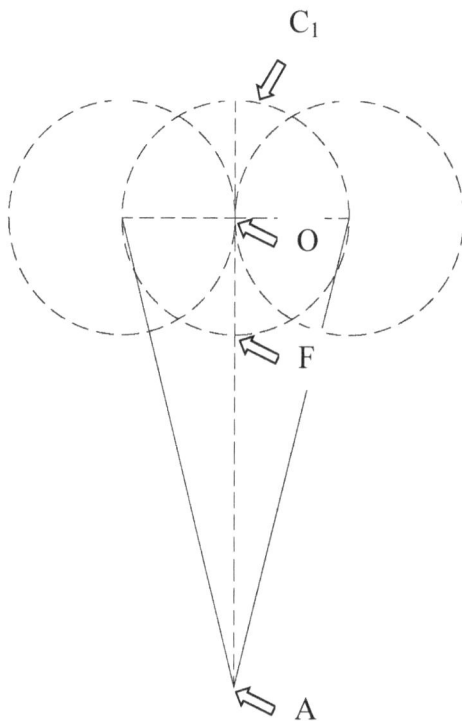

Figura 10 - Marcar F, la intersección inferior del círculo C_1 y de la bisectriz AO

Trisección de un ángulo arbitraria α
por Harold Florentino LATORTUE, PhD

11 - Señalar G, la intersección de la bisectriz AO con la parte de abajo del círculo de centro F y de radio FB

Luego dibujar entre los puntos B y C el lado superior del Arco C_4, de centro F y de radio FB.

Lo que estoy haciendo?

Usted dibuja el Arco C_4 que resolverá la trisección de un ángulo de 90°. Usted marca también el centro G con Arco que va a resolver el problema de la trisección de un ángulo de 45°.

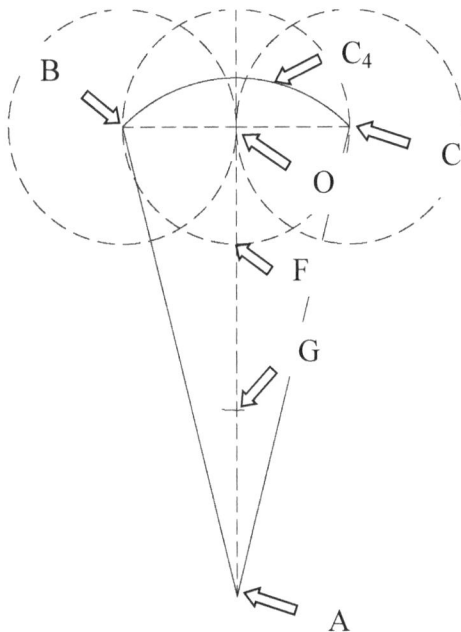

Figura 11 - Señalar G, la intersección de la bisectriz AO con la parte de abajo de un círculo de centro F y de radio FB. Luego trazar el lado superior de C_4 de centro F y de radio FB

Trisección de un ángulo arbitraria α

12 - Dibujar, entre B y C, el lado superior del Arco C_5 con G para centro y de radio GB

Lo que estoy haciendo?

Usted dibuja el arco C_5 que resolverá la trisección de un ángulo de 45°.

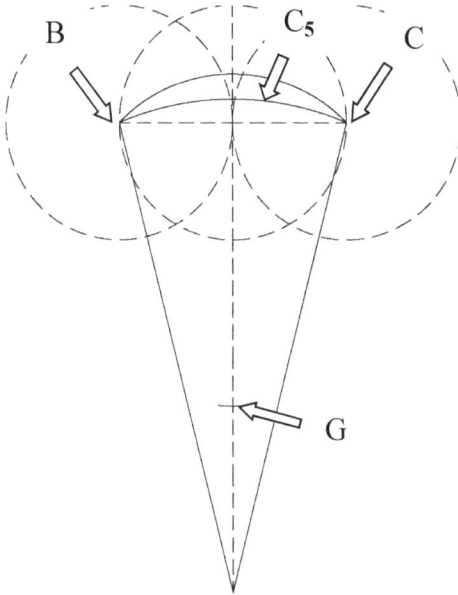

Figura 12 - Dibujar, entre B y C, el lado superior del Arco C_5
con G para centro y de radio GB

13 - Señalar H, la intersección de una línea que pasa por los puntos F y D con Arco C_4

Lo que estoy haciendo?

Usted encuentra el primer punto de la solución de la trisección de un ángulo de 90°. El ángulo BFH es esta solución y su valor es de 30°.

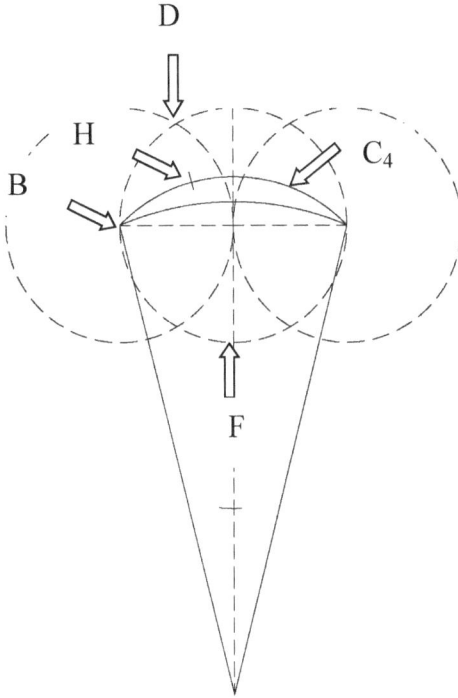

Figura 13 - Señalar H, la intersección de una línea que pasa
por los puntos F y D con Arco C4

14 - Marcar el punto I, intersección de una línea que pasa por los puntos F y E con Arco C$_4$

Lo que estoy haciendo?

Usted encuentra el segundo punto de la solución de la trisección de un ángulo de 90°. El ángulo HFI e IFC son con ángulo BFH los tres ángulos de la solución de la trisección de un ángulo tienen de Ápice F e iguales a 90°. Estos tres ángulos son totalmente iguales a 30°.

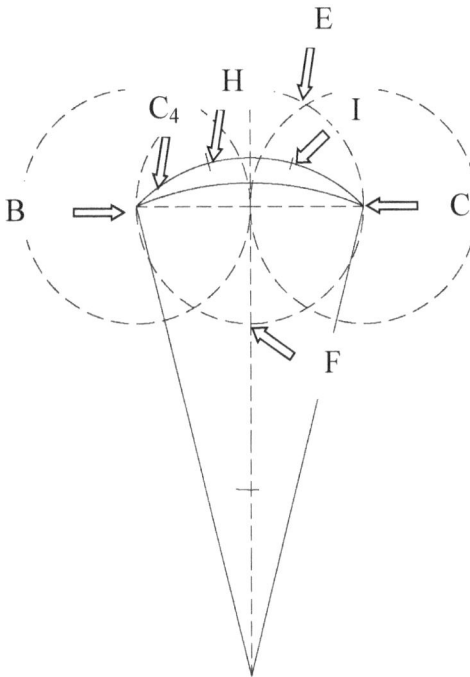

Figura 14 - Marcar el punto I, intersección de una línea que
pasa por los puntos F y E con Arco C₄

15 - Marcar la intersección J con Arco C_5 con una línea que pasa por los puntos G y H

Lo que estoy haciendo?

Usted encuentra el primer punto de la solución de la trisección de un ángulo de 45º. El ángulo BGJ es esta solución y su valor es de 15º.

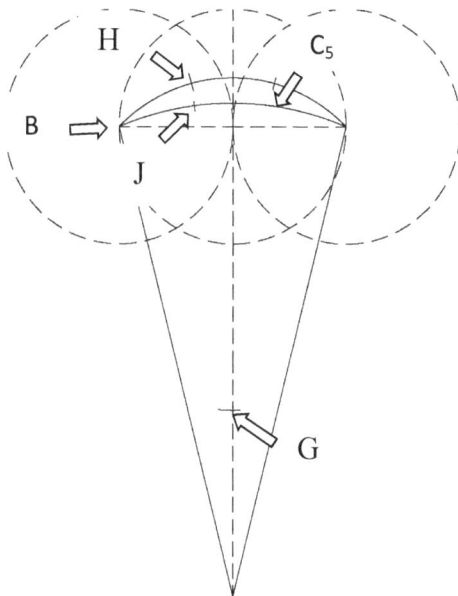

Figura 15 - Marcar la intersección J con Arco C_5 con una línea que pasa por los puntos G y H

Trisección de un ángulo arbitraria α
por Harold Florentino LATORTUE, PhD

Lo que estoy haciendo?

Usted encuentra el segundo punto de la solución de la trisección de un ángulo de 45°. El ángulo JGK y KGC son con ángulo BGJ los tres ángulos de la solución de la trisección de un ángulo α de Ápice G e iguales a 45°. Estos tres ángulos son totalmente iguales a 15°.

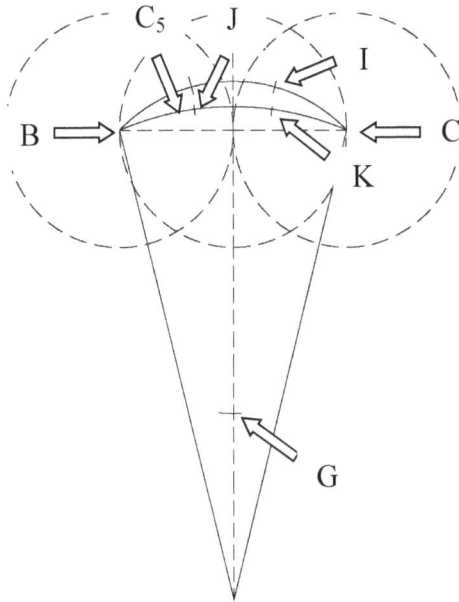

Figura 16 - Señalar K, la intersección del Arco C_5 con una línea que pasa por los puntos G e I

17 - Señalar L, la intersección superior del círculo C_1 con la bisectriz AO, luego marcar el punto M.

M está la intersección de la bisectriz AO con un círculo de centro L de radio igual a LB

Lo que estoy haciendo?

Usted marca el centro M con Arco que permitirá resolver el problema de la trisección de un ángulo de 135°.

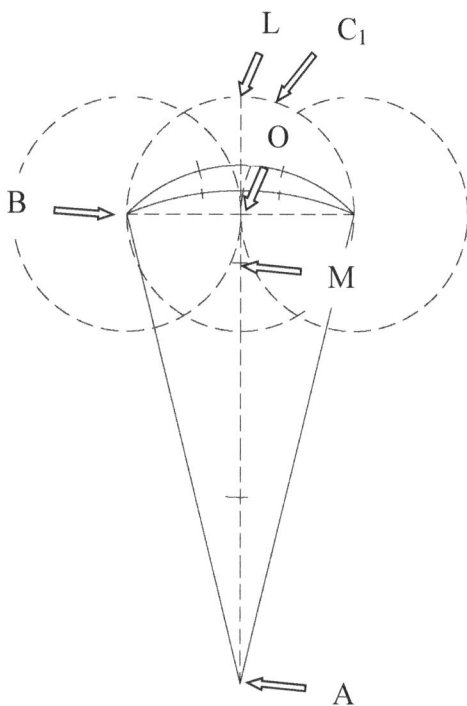

Figura 17 - Señalar L, la intersección superior del círculo C_1 con la bisectriz AO, luego marcar el punto M, intersección del bisectriz AO con un círculo de centro L de radio igual a LB

Trisección de un ángulo arbitraria α
por Harold Florentino LATORTUE, PhD

18 - Dibujar el lado superior del Arco C_6, de centro M y de radio MB

Lo que estoy haciendo?

Usted dibuja el arco C_6 que resolverá la trisección de un ángulo de 135°.

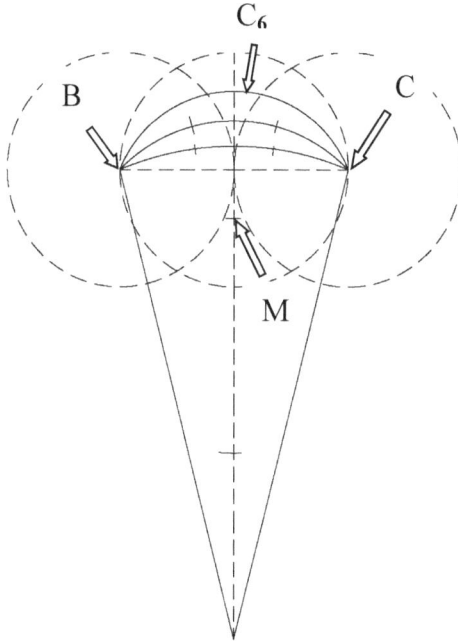

Figura 18 - Dibujar el lado superior del Arco C_6, de centro M y de radio MB

Trisección de un ángulo arbitraria α

por Harold Florentino LATORTUE, PhD

19 - Señalar N, la intersección de una línea que pasa por los puntos L y B con Arco C6

Lo que estoy haciendo?

Usted encuentra el primer punto de la solución de la trisección de un ángulo de 135º. El ángulo BMN es esta solución y su valor es de 45º.

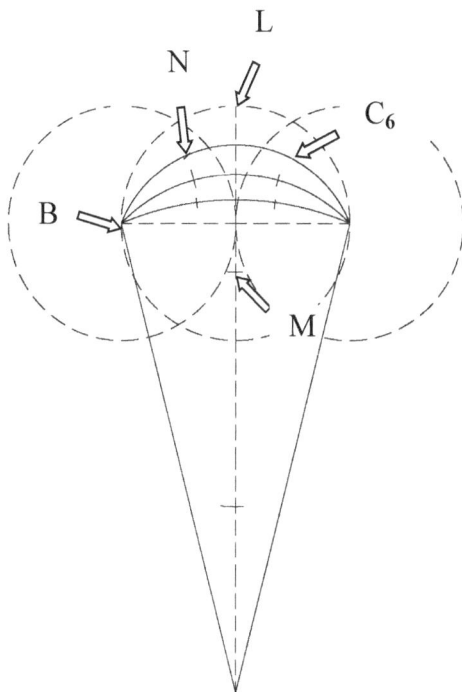

Figura 19 - Señalar N, la intersección de una línea que pasa
por los puntos L y B con Arco C_6

Trisección de un ángulo arbitraria α
por Harold Florentino LATORTUE, PhD

20 - Señalar Q, la intersección del Arco C_6 con una línea que pasa por los puntos L y C

Lo que estoy haciendo?

Usted encuentra el segundo punto de la solución de la trisección de un ángulo de 135°. El ángulo NMQ y QMC están con ángulo BMN, los tres ángulos de la solución de la trisección de un ángulo α de Ápice M e igual a 135°. Estos tres ángulos son totalmente iguales a 45°.

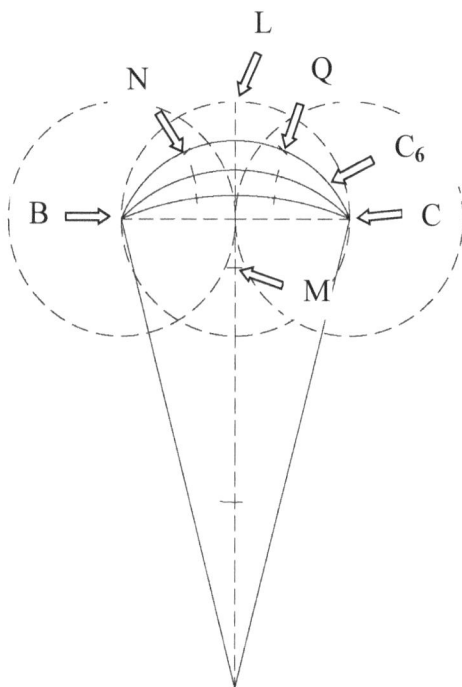

Figura 20 - Señalar Q, la intersección del Arco C_6 con una línea que pasa por los puntos L y C

Trisección de un ángulo arbitraria α

por Harold Florentino LATORTUE, PhD

21 - Puntuar R y S que dividen el segmento BC en tres segmentos iguales. (Anexo 1)

Lo que estoy haciendo?

Usted encuentra los puntos de la solución para la trisectriz de un ángulo de 0º, con método FLatortue. Esta afirmación parece rara a premia acceso ya que nosotros todos sabemos, ya que la trisectriz de un ángulo α de 0º produce tres ángulos de cero grado y ya que ambos lados de los ángulos son sobre una sola línea. No obstante, si se considera que un ángulo de cero grado tiene su Ápice al infinito, los lados son entonces paralelos y se encuentran al infinito. Así, la afirmación es lógica.

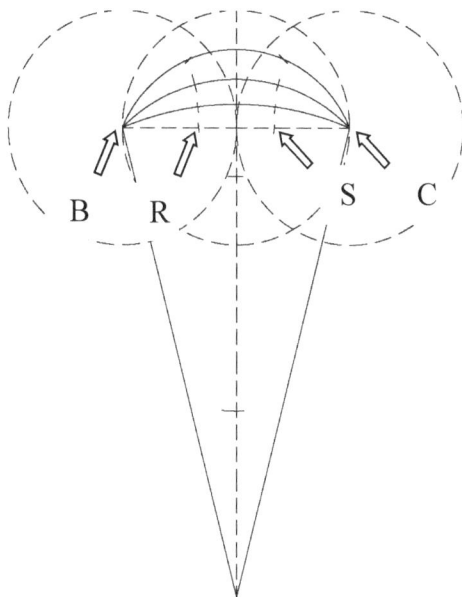

Figura 21 - Puntuar R y S que dividen el segmento BC en tres segmentos iguales.

Trisección de un ángulo arbitraria α

por Harold Florentino LATORTUE, PhD

22 - Dibujar el Arco C_7 que pasa por los puntos E, Q e I, luego dibujar el arco C_8 que pasa por los puntos I, K y S

La curva EQIKS forma Lugar 1.

Lo que estoy haciendo?

Usted dibuja el primer lugar de todos los puntos de las soluciones de la trisectriz del ángulo α de 0° a 180°.

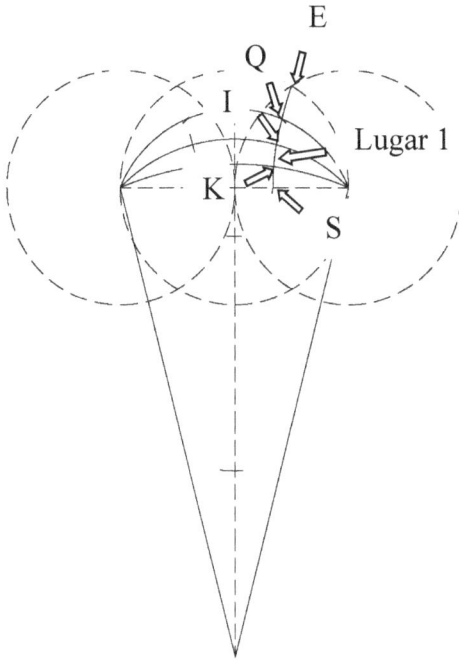

Figura 22 - Dibujar el Arco C_7 que pasa por los puntos E, Q e I, luego dibujar el arco C_8 que pasa por los puntos I, K y S

Trisección de un ángulo arbitraria α

por Harold Florentino LATORTUE, PhD

23 - Dibujar el Arco C_9 que pasa por los puntos D, N y H, luego dibujar el Arco C_{10} que pasa por los puntos H, J y R

La curva DNHJR forma el Lugar 2.

Lo que estoy haciendo?

Usted dibuja el segundo lugar de todos los puntos de las soluciones de la trisectriz del ángulo α de 0° a 180°.

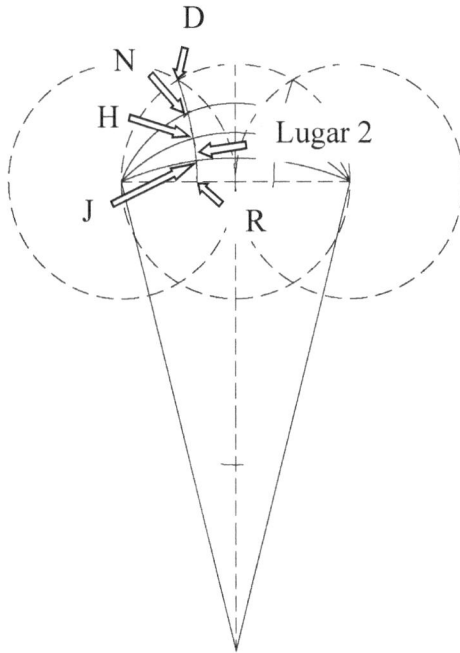

Figura 23 - Dibujar el Arco C_9 que pasa por los puntos D, N y H, luego dibujar el Arco C_{10} que pasa por los puntos H, J y R

24 – Por fin, encontrar las soluciones del problema 'imposible' de la trisectriz de un ángulo arbitrario α

Que debe yo hacer?

-        Dibujar el lado superior del Arco C_{11} que tiene para centro A y pasa por los puntos B y C.

-        Puntuar P_1 y P_2, las intersecciones del Arco C_{11} con Lugar 1 y el Lugar 2.

-        Dibujar la línea P_1A y P_2A.

Las soluciones de tres ángulos iguales de la Trisección de α son los ángulos:

BAP_2, P_2AP_1 et P_1AC.

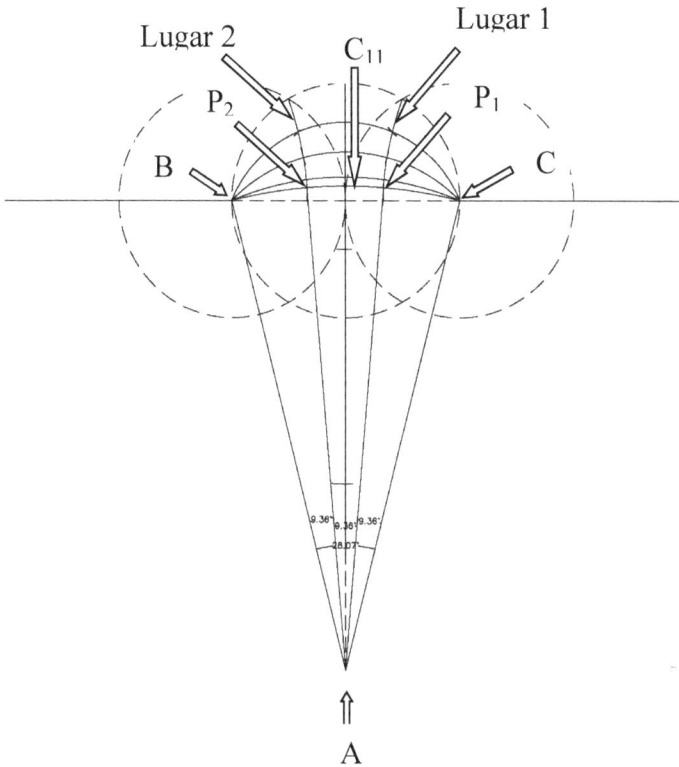

Figura 24 - Soluciones de la trisección del ángulo arbitrario α i – El Lugar 1 y el Lugar 2 son ambas curvas o los puntos de la solución P₁ y P₂ son localizados cuando el ápice A del ángulo α a dividir en tres ángulos iguales está colocada sobre la línea bisectriz AO. Estos lugares son unas partidas de dos hipérboles

II – La diferencia entre la solución algebraica y la solución gráfica ha sido evaluada para valores diversos de α. Los resultados confirman la precisión del método Flatortue.

III – A pesar de que, los lugares definidos por las hipérboles darán todas las soluciones de puntos de α° de cero a 360°, el método Flatortue como definido cubre el intervalo de α° de cero a 180°. Sin embargo, es todo lo que es necesario para todo el intervalo de cero a 360°. Para un ángulo α° superiora a 180°, hay que trabajar en el ángulo. $\Phi° = 360° - α°$, aplicar el método de FLatortue sobre $\Phi°$. Luego, sustraer el resultado ($\Phi°/3$) de un ángulo de 120° (anexo 2) para obtener las soluciones para la trisectriz del ángulo α° superior a 180°.

IV - Para α° como igual a cero y α° igual a 360°, estos dos ángulos son definidos por sola línea y un ápice y no por dos líneas, como es el caso para todos los demás ángulos. Sin embargo, las soluciones para estos ángulos singulares son ya conocidas:

a - Dividir un ángulo α° como igual a cero en tres partidas iguales producido tres ángulos, totalmente iguales a cero.

b - Dividir un ángulo de 360° puede fácilmente ser realizado construyendo tres ángulos de 120° o (180° - 60°).

Trisección de un ángulo arbitraria α

SOLUCIÓN ALGEBRAICA

Enfoque algebraico de la Solución

Siendo dado un ángulo BAC de Ápice A y cuyo valor α es desconocido, a construir un triángulo isósceles ABC con lados AB y AC iguales. Luego trazar la bisectriz AO del ángulo A.

A la intersección ' O ' de la línea bisectriz y del lado BC del triángulo ABC, trazar un sistema cartesiano de señas con eje de abscisas que pasa por la línea BC y el eje de ordenadas que pasa por la línea bisectriz AO. El origen del sistema de señas cartesianas es el punto O (0,0).

Dibujar el lado superior del arco BC con como centro el punto A y de radio AB.

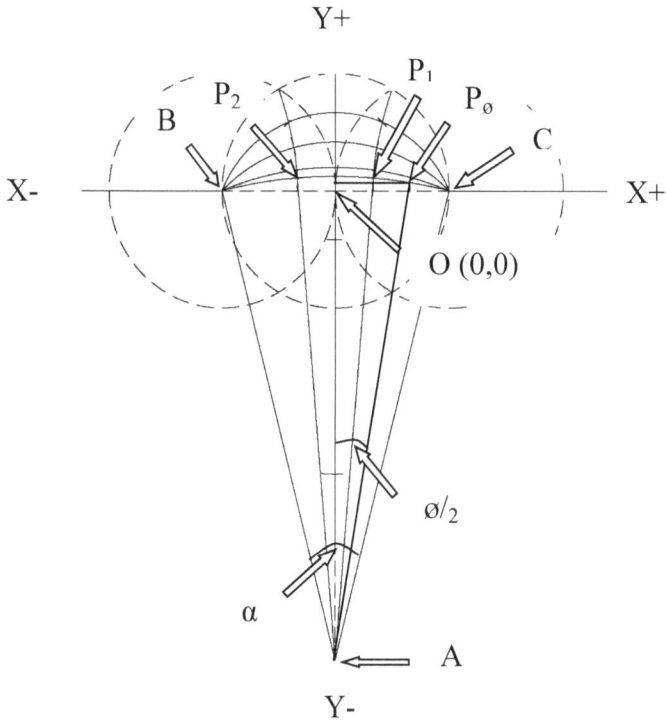

Figura 25 - El sistema cartesiano de señas

Trisección de un ángulo arbitraria α
por Harold Florentino LATORTUE, PhD

Las ecuaciones para la solución algebraica:

Para el ángulo α que dividir en tres partidas iguales o trisección, consideremos la figura más arriba. Ambas líneas al delimitar interiores, AP_1 y AP_2, los ángulos de la trisección estarán sobre el arco BC. Las señas de cualquier punto P sobre el arco incluido el punto P_1 y P_2 puede escribirse:

$$P_\phi [R\sin(\phi_P), R\cos(\phi_P) - R\cos(\alpha/2)]$$

Donde :

(ϕ_P) es el valor del ángulo >PAO

y

α es el valor del ángulo arbitrario que hay que dividir por tres.

y

R es el radio del círculo cuyo centro está en el ápice A del ángulo que hay que dividir y atravesando el eje de abscisas a los puntos B y C.

Así, las señas del punto P_1 y P_2 de la solución de la trisección del ángulo BAC son:

$$Y = R\cos(\alpha/6) - R\cos(\alpha/2)$$

O

$$Y = R(\cos(\alpha/6) - \cos(\alpha/2)) \qquad (1)$$

y

Trisección de un ángulo arbitraria α
por Harold Florentino LATORTUE, PhD

$X = \pm R\sin(\alpha/6)$ (2)

Forma A o Forma Paramétrica de las ecuaciones

$X = \pm R\sin(\alpha/6)$

$Y = R[\cos(\alpha/6) - \cos(\alpha/2)]$

Forma A de las Ecuaciones

$X = \pm R\sin(\alpha/6)$

$Y = R[\cos(\alpha/6) - \cos(\alpha/2)]$

NB : Es importante anotar que la forma A define dos ecuaciones y no una.

a - La primera ecuación define el punto P_1 por $X = +R\sin(\alpha/6)$

y

b - La segunda ecuación define el punto P_2 por $X = - R\sin(\alpha/6)$.

En lo que va a seguir, vamos a analizar la primera ecuación, cuyos puntos están en el primer cuadrante del círculo trigonométrico, fijando el intervalo de los valores de α tiene el valor positivo de la ecuación X.

Forma B de la ecuación

Dejar ' K ' la longitud del segmento BO, entonces

$K = R\sin(\alpha/2)$ ou $K^2 = R^2\sin^2(\alpha/2)$ (3)

De las ecuaciones (1), (2) y(3) obtenemos:

$Y^2 = R^2[\cos(\alpha/6) - \cos(\alpha/2)]^2$

$Y^2 = R^2[\cos^2(\alpha/6) + \cos^2(\alpha/2)] - 2R^2\cos(\alpha/6)\cos(\alpha/2)$

$Y^2 = R^2[1 - \sin^2(\alpha/6) + 1 - \sin^2(\alpha/2)] - 2R^2\cos(\alpha/6)\cos(\alpha/2)$

$Y^2 = R^2 - R^2\sin^2(\alpha/6) + R^2 - R^2\sin^2(\alpha/2) - 2R^2\cos(\alpha/6)\cos(\alpha/2)$

$Y^2 = R^2 - X^2 + R^2 - K^2 - 2R^2\cos(\alpha/6)\cos(\alpha/2)$

$Y^2 + X^2 = 2R^2 - K^2 - 2R^2\cos(\alpha/6)\cos(\alpha/2)$

$$\boxed{Y^2 + X^2 = 2R^2 - K^2 - 2R^2\cos(\alpha/6)\cos(\alpha/2)}$$

puesto que :

$Y = R\cos(\alpha/6) - R\cos(\alpha/2)$

$R/Y = \cos(\alpha/6) - \cos(\alpha/2)$

$\cos(\alpha/6) = Y/R + \cos(\alpha/2)$

Así, tenemos

$Y^2 + X^2 = 2R^2 - K^2 - 2R^2[(Y/R + \cos(\alpha/2)]\cos(\alpha/2)$

$Y^2 + X^2 = 2R^2 - K^2 - 2RY\cos(\alpha/2) - 2R\cos^2(\alpha/2)$

$Y^2 + X^2 = 2R^2[1 - \cos^2(\alpha/2)] - K^2 - 2RY\cos(\alpha/2)$

$$Y^2 + X^2 = 2R^2\sin^2(\alpha/2) - K^2 - 2RY\cos(\alpha/2)$$

ya que: $K^2 = R^2\sin^2(\alpha/2)$

entonces,

$$Y^2 + X^2 = 2K^2 - K^2 - 2RY\cos(\alpha/2)$$

$$Y^2 + X^2 = K^2 - 2RY\cos(\alpha/2)$$

Esta ecuación puede ser reescrita sobre la forma:

$$Y^2 + 2RY\cos(\alpha/2) + X^2 = K^2$$

$$[Y + R\cos(\alpha/2)]^2 - R^2\cos^2(\alpha/2)) + X^2 = K^2$$

$$[Y + R\cos(\alpha/2)]^2 + X^2 = K^2 + R^2\cos^2(\alpha/2)$$

$$[Y + R\cos(\alpha/2)]^2 + X^2 = K^2 + R^2[1 - \sin^2(\alpha/2)]$$

$$[Y + R\cos(\alpha/2)]^2 + X^2 = K^2 + R^2 - R^2\sin^2(\alpha/2)$$

$$[Y + R\cos(\alpha/2)]^2 + X^2 = K^2 + R^2 - K^2$$

$$[Y + R\cos(\alpha/2)]^2 + X^2 = R^2$$

Forma B de la ecuación
$[Y + R\cos(\alpha/2)]^2 + X^2 = R^2$

Análisis de la ecuación: $[Y + R\cos(\alpha/2)]^2 + X^2 = R^2$

1 - Es la ecuación de un círculo sobre la forma de:

$$(Y - Y_0)^2 + (X - X_0)^2 = R^2$$

Con : $Y_0 = - R\cos(\alpha/2)$ et $X_0 = 0$

2 - La ecuación es independiente del segmento K.

3 - Podemos observar que el círculo cambia de talla y de posición cuando el ángulo α varía. Las razones son:

a - $Y_0 = -R\cos(\alpha/2)$ no es constante

b -   Guardando a BO fijo, y que modifica el valor de α, el valor de R cambia.

4 - El centro A del círculo se desliza hacia arriba o hacia abajo a lo largo del eje de ordenadas según si usted aumenta o disminuye el valor de α.

5 - El arco que corresponde BC va a hincharse o a aplastar según que usted aumenta o disminuye el valor de α.

> **Es importante recordar estos comportamientos característicos del gráfico. Son las llaves que permiten determinar la trisección de un ángulo arbitrario α.**

Para cualquier ángulo BAC de valor α, el procedimiento algebraico para dividir el ángulo en tres partidas iguales es como sigue:

1 - Encontrar para α el radio R

$R = K/\sin(\alpha/2)$

2 - Con la ayuda de R, determinar X

$X_1 = R\sin(\alpha/6)$

$X_2 = -R\sin(\alpha/6)$

3 - calcular Y

$Y_1 = Y_2 = R[\cos(\alpha/6) - \cos(\alpha/2)]$

4 – Luego las señas de los puntos P_1 et P_2

$P_1(X_1, Y_1)$ et $P_2(X_2, Y_2)$

5 - Encontrar las señas del Ápice A del ángulo:

a - $Y_A = -R\cos(\alpha/2)$

b - $X_A = 0$

c - $A(0, Y_A)$

Los tres ángulos de la trisección son delimitados por:

Línea AB : $A(0, Y_A)$ et $B(-K, 0)$

Trisección de un ángulo arbitraria α
por Harold Florentino LATORTUE, PhD

Línea P_2A : $A(0, Y_A)$ et $P_2(X_2, Y_2)$

Línea P_1A : $A(0, X_A)$ et $P_1(X_1, Y_1)$

Línea AC : $A(0, Y_A)$ et C $(+ K, 0)$

Los tres ángulos de la trisección son: $>BAP_2$, $> P_2AP_1$ et $>P_1AC$.

Observaciones:

1 - Para utilizar el método algebraico de la trisección del ángulo α, debemos conocer el valor aritmético del ángulo. Este valor no está necesariamente disponible cuando el ángulo es simplemente dibujado sobre una hoja de papel.

2 - Para ciertos ángulos tales como: 180°, 90° las soluciones gráficas son ya conocidas.

3 - Esta propuesta de procedimiento algebraico para encontrar la trisección es válida para cualquier valor de α a excepción de α como igual a cero y a 360° que producen un valor de ∞ para el radio R. No obstante, las soluciones para estos ángulos singulares son ya conocidas ya que:

a - Dividir un ángulo de valor ninguno en tres partidas iguales producido tres ángulos de valores totalmente iguales a cero.

b - Dividir un ángulo de 360° en tres partidas iguales puede fácilmente ser realizado construyendo tres ángulos de 120° (180° - 60°).

Es uno de los ángulos para el cual hay unos modos simples que permiten dividirlo gráficamente por tres. Vamos a escoger K igual a 1. (Hay que recordar que K puede tomar cualquier valor). Así, las señas de B y C son:

B (-K, 0) ou B (-1, 0)

C (+K, 0) ou C (+1, 0)

1 - Por α = 180° Encontrar el radio R

$R_{180} = 1/\sin(180°/2) = 1/\sin(90°) = 1/1$

$R_{180} = 1$

2 - Con la ayuda de R_{180}, determinar X_{180}

$X_{P1} = 1 * \sin(180°/6) = 1 * \sin(30°) = 1*(1/2)$

$X_{P1} = + 0,5$

$X_{P2} = - 1 * \sin(180°/6) = -1 * \sin(30°) = -1*(1/2)$

$X_{P2} = - 0,5$

3 - Luego calcular Y_{180}

$Y_{P1} = Y_{P2} = R [\cos(180°/6) - \cos(180°/2)]$

$Y_{P1} = Y_{P2} = 1*[\cos(180°/6) - \cos(180°/2)]$

$Y_{P1} = Y_{P2} = 1*[\cos(30°) - \cos(90°)]$

$Y_{P1} = Y_{P2} = 1*[(3)^{1/2}/2 - 0]$

Trisección de un ángulo arbitraria α

$$Y_{P1} = Y_{P2} = 0.866025$$

4 - Puntos P_1 et P_2

$$P_1(0.5, 0.866025) \text{ et } P_2(-0,5, 0.866025)$$

5 - Encontrar las señas del Ápice A del ángulo:

    a - $Y_A = -R\cos(\alpha/2)$

             $Y_A = -1 * \cos(180°/2) = -1 * \cos(90°) = -1 * 0$

             $Y_A = 0$

    b - $X_A = 0$

             $X_{180} = 0$

    c - $A_{180} (0, Y_A)$

             $A_{180} (0, 0)$

Los tres ángulos de la trisección son delimitados por:

Línea AB : $A_{180} (0, 0)$ et $B (-1, 0)$

Línea P_1A : $A_{180} (0, 0)$ et $P_1(+ 0,5, +0.866025)$

Línea P_2A : $A_{180} (0, 0)$ et $P_2(-0,5, +0.866025)$

Línea AC : $A_{180} (0, 0)$ et $C (+1, 0)$

Los tres ángulos iguales de la solución son: BAP_1, P_1AP_2 et P_2AC

Es uno de los ángulos para el cual hay unos modos simples que permiten dividirlo gráficamente por tres. Vamos a escoger K igual a 1. (Hay que recordar que K puede tomar cualquier valor). Así, las señas de B y C son:

B (-K, 0) ou B (-1, 0)

C (+K, 0) ou C (+1, 0)

1 - Por α = 90° Encontrar el radio R

$R_{90} = 1/\sin(90°/2) = 1/\sin(45°) = 1 / (2^{1/2} - 2)$

$R_{90} = 1.414213$

2 - Con la ayuda de R_{90}, determinar X_{90}

$X_{P1} = 1.414213\sin(90°/6) = 1.414213\sin(15°)$

$X_{P1} = 1.414213*0.258819$

$X_{P1} = + 0.366025$

$X_{P2} = -1.414213\sin(90°/6) = -1.414213\sin(15°)$

$X_{P2} = -1.414213*0.258819$

$X_{P2} = -0.366025$

3 - Luego calcular Y_{90}

$Y_{P1} = Y_{P2} = R[\cos(90°/6) - \cos(90°/2)]$

$Y_{P1} = Y_{P2} = 1.414213 [\cos(90°/6)-\cos(90°/2)]$

$Y_{P1} = Y_{P2} = 1.414213 [\cos(15°) - \cos(45°)]$

Trisección de un ángulo arbitraria α

$Y_{P1} = Y_{P2} = 1.414213*(0.258819)$

$\mathbf{Y_{P1} = Y_{P2} = +0.366025}$

4 - Puntos P_1 et P_2

$\mathbf{P_1(+0.366025, +0.366025)}$ et $\mathbf{P_2(-0.366025, + 0.366025)}$

5 - Encontrar las señas del Ápice A del ángulo:

a - $\mathbf{Y_A} = - Rcos(\alpha/2)$

$Y_A = - 1.414213 \cos(90°/2) = - 1.414213 \cos(45°)$

$Y_A = - 1.414213*0.707106$

$\mathbf{Y_A = - 1}$

b - $X_A = 0$

$\mathbf{X_{90} = 0}$

c - $A_{90} (0, Y_A)$

$\mathbf{A_{90} (0, - 1)}$

Los tres ángulos de la trisección son delimitados por:

Línea AB : $\mathbf{A_{90} (0, - 1)}$ et $\mathbf{B (-1, 0)}$

Línea P_1A : $\mathbf{A_{90} (0, - 1)}$ et $\mathbf{P_1(0.366025, 0.366025)}$

Línea P_2A : $\mathbf{A_{90} (0, - 1)}$ et $\mathbf{P_2(-0.366025, 0.366025)}$

Línea AC : $\mathbf{A_{90} (0, - 1)}$ et $\mathbf{C (+ 1, 0)}$

Los tres ángulos iguales de la solución son: BAP_1, P_1AP_2 et P_2AC

Es uno de los ángulos para el cual hay unos modos simples que permiten dividirlo gráficamente por tres. Vamos a escoger K igual a 1. (Hay que recordar que K puede tomar cualquier valor). Así, las señas de B y C son:

B (-K, 0) ou B (-1, 0)

C (+ K, 0) ou C (+ 1, 0)

1 - Por α = 45° Encontrar el radio R

$R_{45} = 1/\sin(45°/2) = 1/\sin(22.5°) = 1/(0.382683)$

$R_{45} = 2.613125$

2 - Con la ayuda de R_{45}, determinar X_{45}

$X_{P1} = 2.613125\sin (45°/6) = 2.613125\sin (7.5°)$

$X_{P1} = 2.613125*0.130526$

$X_{P1} = + 0.3410813773$

$X_{P2} = - 2.613125\sin (45°/6) = - 2.613125\sin (7.5°)$

$X_{P2} = -2.613125*0.130526$

$X_{P2} = - 0.341081$

3 - Luego calcular Y_{45}

$Y_{P1} = Y_{P2} = R [\cos (45°/6) - \cos (45°/2)]$

$Y_{P1} = Y_{P2} = 2.613125 [\cos (45°/6) - \cos (45°/2)]$

Trisección de un ángulo arbitraria α

$Y_{P1} = Y_{P2} = 2.613125 \ [\cos (7.5°) - \cos (22.5°)]$

$Y_{P1} = Y_{P2} = 2.613125 \ (0.991444 - 0.923879)$

$Y_{P1} = Y_{P2} = 2.613125 * 0.067565$

$\mathbf{Y_{P1} = Y_{P2} = 0.176556}$

4 - Puntos P_1 et P_2

$P_1 \ (0.341081, 0.176556)$ et $P_2 \ (-0.341081, 0.176556)$

5 - Encontrar las señas del Ápice A del ángulo:

a - $\quad Y_A = - R\cos(\alpha/2)$

$\quad Y_A = - 2.613125\cos (45°/2) = - 2.613125\cos (22.5°)$

$\quad Y_A = - 2.613125 \text{X} 0.923879$

$\quad \mathbf{Y_A = - 2.414213}$

b - $\quad \mathbf{X_A = 0}$

$\quad \mathbf{X_{45} = 0}$

c - $\quad A_{45} \ (0, Y_A)$

$\quad \mathbf{A_{45} \ (0, - 2.414213)}$

Los tres ángulos de la trisección son delimitados por:

Línea AB : $\mathbf{A_{45} \ (0, - 2.414213)}$ et $\mathbf{B \ (-1, 0)}$

Línea P_1A : $\mathbf{A_{45} \ (0, - 2.414213)}$ et $\mathbf{P_{-1}(0.341081, 0.176556)}$

Línea P_2A : $\mathbf{A_{45} \ (0, - 2.414213)}$ et $\mathbf{P_2(-0.341081, 0.176556)}$

Línea AC : **A$_{45}$ (0, - 2.414213)** et **C (+ 1, 0)**

Los tres ángulos iguales de la solución son: BAP$_1$, P$_1$AP$_2$ et P$_2$AC

Es uno de los ángulos para el cual hay unos modos simples que permiten dividirlo gráficamente por tres. Vamos a escoger K igual a 1. (Hay que recordar que K puede tomar cualquier valor). Así, las señas de B y C son:

B (-K, 0) ou B (-1, 0)

C (+K, 0) ou C (+1, 0)

1 - Para α = 135° Encontrar el radio R

$$R_{135} = 1/\sin(135°/2) = 1/\sin(67.5°) = 1/(0.923879)$$

$R_{135} = 1.082392$

2 - Con la ayuda de R_{135}, determinar X_{135}

$$X_{P1} = 1.082392\sin (135°/6) = 1.082392\sin (22.5°)$$

$$X_{P1} = 1.082392*0.382683$$

$X_{P1} = + 0.414213$

$$X_{P2} = - 1.082392\sin (135°/6) = - 1.082392\sin(22.5°)$$

$$X_{P2} = -1.082392*0.382683$$

$X_{P2} = - 0.414213$

3 - Luego calcular Y_{45}

$$Y_{P1} = Y_{P2} = R [\cos (135°/6) - \cos (135°/2)]$$

$$Y_{P1} = Y_{P2} = 1.082392 [\cos (135°/6) - \cos (135°/2)]$$

Trisección de un ángulo arbitraria α
por Harold Florentino LATORTUE, PhD

$Y_{P1} = Y_{P2} = 1.082392 [\cos (22.5^\circ) - \cos (67.5^\circ)]$

$Y_{P1} = Y_{P2} = 1.082392 (0.923880 - 0.382683)$

$Y_{P1} = Y_{P2} = 1.082392*0.541197$

$\mathbf{Y_{P1} = {}_{P2} = 0.585786}$

4 - Puntos P_1 et P_2

$P_1(0.414213, 0.585786)$ et $P_2(- 0.414213, 0.585786)$

5 - Encontrar las señas del Ápice A del ángulo:

a - $Y_A = - R\cos(\alpha/2)$

$Y_A = - 1.082392\cos (135^\circ/2) = - 1.082392\cos(67.5^\circ)$

$Y_A = - 1.082392 * 0.382683$

$\mathbf{Y_A = - 0.414214}$

b - $\mathbf{X_A = 0}$

$\mathbf{X_{135} = 0}$

c - $A_{135} (0, Y_A)$

$\mathbf{A_{135} (0, - 0.414214)}$

Los tres ángulos de la trisección son delimitados por:

Línea AB : $\mathbf{A_{135}(0, - 0.414214)}$ et $\mathbf{B (-1, 0)}$

Línea P_1A : $\mathbf{A_{135}(0,-0.414214)}$ et $\mathbf{P_{-1}(0.414213, 0.585786)}$

Línea P_2A : $\mathbf{A_{135}(0,-0.414214)}$ et $\mathbf{P_2(-0.414213, 0.585786)}$

Trisección de un ángulo arbitraria α

Línea AC : A_{135} **(0, - 0.414214)** et **C (+ 1, 0)**

Los tres ángulos iguales de la solución son: BAP_1, P_1AP_2 et P_2AC

Tablero de soluciones algebraicas para diferentes valores de α°

α°	K	R	X_{P1}	X_{P2}	$Y_{P1}=Y_{P2}$	X_A	Y_A
180	1	1.0000	0.5000	-0.5000	0.8660	0.0000	0.0000
150	1	1.0353	0.4375	-0.4375	0.6703	0.0000	-0.2679
135	1	1.0824	0.4142	-0.4142	0.5858	0.0000	-0.4142
120	1	1.1547	0.3949	-0.3949	0.5077	0.0000	-0.5774
90	1	1.4142	0.3660	-0.3660	0.3660	0.0000	-1.0000
60	1	2.0000	0.3473	-0.3473	0.2376	0.0000	-1.7321
50	1	2.2361	0.3442	-0.3442	0.2094	0.0000	-2.0000
45	1	2.6131	0.3411	-0.3411	0.1766	0.0000	-2.4142
30	1	3.8637	0.3367	-0.3367	0.1169	0.0000	-3.7321
20	1	5.7588	0.3348	-0.3348	0.0777	0.0000	-5.6713
15	1	8.3359	0.3340	-0.3340	0.0535	0.0000	-8.2757
10	1	11.4737	0.3337	-0.3337	0.0388	0.0000	-11.4301
5	1	22.9256	0.3334	-0.3334	0.0194	0.0000	-22.9038
1	1	114.5930	0.3333	-0.3333	0.0039	0.0000	-114.5887
$1.0E^{-06}$	1	$1.0E^{+08}$	0.3333	-0.3333	0.0000	0.0000	$-1.0E^{+08}$

Mesa 1 - Tablero de soluciones algebraicas para diferentes valores de α^o

Tablero comparativo soluciones algebraicas vs soluciones gráficas

α^o	Algebraic		Graphic		Difference		Graphic	Diff. ^{o}
	X_{P1}	Y_{P1}	X_{P1}	Y_{P1}	X_{P1}	Y_{P1}	α^o_g	$\alpha^o/3 - \alpha^o_g$
180	0.50	0.87	0.50	0.87	0.00	0.00	60.0	0.0
150	0.44	0.67	0.44	0.67	0.00	0.00	50.0	0.0
135	0.41	0.59	0.41	0.59	0.00	0.00	45.0	0.0
120	0.39	0.51	0.40	0.51	0.00	0.00	40.0	0.0
90	0.37	0.37	0.37	0.37	0.00	0.00	30.0	0.0
60	0.35	0.24	0.35	0.24	0.00	0.00	20.0	0.0
50	0.34	0.21	0.34	0.20	0.00	0.01	16.7	0.0
45	0.34	0.18	0.34	0.18	0.00	0.00	15.0	0.0
30	0.34	0.12	0.34	0.12	0.00	0.00	10.0	0.0
20	0.33	0.08	0.34	0.08	0.00	0.00	6.7	0.0
15	0.33	0.05	0.33	0.06	0.00	0.00	5.0	0.0
10	0.33	0.04	0.33	0.04	0.00	0.00	3.3	0.0
5	0.33	0.02	0.33	0.02	0.00	0.00	1.7	0.0
1	0.33	0.00	0.33	0.00	0.00	0.00	0.3	0.0
1.00E-06	0.33	0.00	0.33	0.00	0.00	0.00	0.0	0.0

Mesa 2 - Tablero comparativo soluciones algebraicas vs soluciones gráficas

Encontrar la ecuación del primer Lugar de los puntos soluciones situados en el primer cuadrante.

Forma A de la ecuación

$$X = +R\sin(\alpha/6) \tag{1}$$

$$Y = R(\cos(\alpha/6) - \cos(\alpha/2)) \tag{2}$$

$$K = R\sin(\alpha/2) \tag{3}$$

$$Y^2 + X^2 = 2R^2 - K^2 - 2R^2\cos(\alpha/6)\cos(\alpha/2) \tag{4}$$

reescritura de (4) : $Y^2 + K^2 = 2R^2 - 2R^2\cos(\alpha/6)\cos(\alpha/2) - X^2$

Sustraer: $3X^2 + 2KX$ de los dos numerados por la ecuación

$$Y^2 + K^2 - (3X^2 + 2KX) = 2R^2 - 2R^2\cos(\alpha/6)\cos(\alpha/2) - X^2 - (3X^2 + 2KX)$$

$$Y^2 + K^2 - 3X^2 - 2KX = 2R^2 - 2R^2\cos(\alpha/6)\cos(\alpha/2) - X^2 - 3X^2 - 2KX$$

$$Y^2 + K^2 - 3X^2 - 2KX = 2R^2 - 2R^2\cos(\alpha/6)\cos(\alpha/2) - 4X^2 - 2KX$$

usando (1)

$$Y^2 + K^2 - 3X^2 - 2KX = 2R^2 - 2R^2\cos(\alpha/6)\cos(\alpha/2) - 4R^2\sin^2(\alpha/6) - KR\sin(\alpha/6)$$

usando (3)

$$Y^2 + K^2 - 3X^2 - 2KX = 2R^2 - 2R^2\cos(\alpha/6)\cos(\alpha/2) - 4R^2\sin^2(\alpha/6)$$
$$- 2R^2\sin(\alpha/2)\sin(\alpha/6)$$

$$Y^2 + K^2 - 3X^2 - 2KX = 2R^2[1 - \cos(\alpha/6)\cos(\alpha/2) - 2\sin^2(\alpha/6)$$
$$- \sin(\alpha/2)\sin(\alpha/6)]$$

ya que: $1 = \sin^2(\alpha/6) + \cos^2(\alpha/6)$

$Y^2 + K^2 - 3X^2 - 2KX = 2R^2[\sin^2(\alpha/6) + \cos^2(\alpha/6) - \cos(\alpha/6)\cos(\alpha/2)$

$$-2\sin^2(\alpha/6) - \sin(\alpha/2)\sin(\alpha/6)]$$

Entonces:

$\cos(\alpha/6)\cos(\alpha/2) + \sin(\alpha/2)\sin(\alpha/6) = \cos(\alpha/2 - \alpha/6)$

$\cos(\alpha/6)\cos(\alpha/2) + \sin(\alpha/2)\sin(\alpha/6) = \cos(3\alpha/6 - \alpha/6) = \cos(\alpha/3)$

$Y^2 + K^2 - 3X^2 - 2KX = 2R^2[\sin^2(\alpha/6) + \cos^2(\alpha/6) - 2\sin^2(\alpha/6) - \cos(\alpha/3)]$

$Y^2 + K^2 - 3X^2 - 2KX = 2R^2[\cos^2(\alpha/6) - \sin^2(\alpha/6) - \cos(\alpha/3)]$

ya que:

$\cos(\alpha/3) = \cos^2(\alpha/6) - \sin^2(\alpha/6)$

$Y^2 + K^2 - 3X^2 - 2KX = 2R^2[\cos(\alpha/3) - \cos(\alpha/3)]$

$Y^2 + K^2 - 3X^2 - 2KX = 2R^2[0]$

$Y^2 + K^2 - 3X^2 - 2KX = 0$

$\mathbf{3X^2 + 2KX - Y^2 - K^2 = 0}$ **(5)**

multiplicar por 3:

$9X^2 + 6KX - 3Y^2 - 3K^2 = 0$

$9X^2 + 6KX + K^2 - K^2 - 3Y^2 - 3K^2 = 0$

$(3X + K)^2 - K^2 - 3Y^2 - 3K^2 = 0$

$(3X + K)^2 - 3Y^2 = 4K^2$

$9(X + K/3)^2 - 3Y^2 = 4K^2$

$(X + K/3)^2 - Y^2/3 = 4K^2/9$

Dividamos por: $4K^2/9$

$[(X + K/3)^2 / 4K^2/9] - [(Y^2 /3) / 4K^2/9] = 1$

$[(X + K/3)^2 / (2K/3)^2] - [Y^2 / (2(3)^{1/2}K/3)^2] = 1$

Es la ecuación de una hipérbole de la forma:

$(X-X_0)^2/a^2 - (Y-Y_0)^2/b^2 = 1$

$X_0 = - K/3$

$Y_0 = 0$

$a^2 = (2K/3)^2$

$b^2 = (2(3)^{1/2}K/3)^2$

cuyo centro es:

$X_c = -K/3$

$Y_c = 0$

Hipérbola 1

$(X-X_0)^2/a^2 - (Y-Y_0)^2/b^2 = 1$

$X_0 = -K/3$

$Y_0 = 0$

$a^2 = (2K/3)^2$

$b^2 = [2(3)^{1/2}K/3]^2$

$X_c = -K/3$

$Y_c = 0$

Encontrar la ecuación del segundo Lugar de los puntos soluciones situados en el segundo cuadrante.

Forma A de la ecuación

$$X = -R\sin(\alpha/6) \tag{1}$$

$$Y = R(\cos(\alpha/6) - \cos(\alpha/2)) \tag{2}$$

$$K = R\sin(\alpha/2) \tag{3}$$

$$Y^2 + X^2 = 2R^2 - K^2 - 2R^2\cos(\alpha/6)\cos(\alpha/2) \tag{4}$$

reescritura de (4)

$$Y^2 + K^2 = 2R^2 - 2R^2\cos(\alpha/6)\cos(\alpha/2) - X^2$$

Sustraer: $3X^2 - 2KX$ de los dos numerados por la ecuación

$$Y^2 + K^2 - (3X^2 - 2KX) = 2R^2 - 2R^2\cos(\alpha/6)\cos(\alpha/2) - X^2 - (3X^2 - 2KX)$$

$$Y^2 + K^2 - 3X^2 + 2KX = 2R^2 - 2R^2\cos(\alpha/6)\cos(\alpha/2) - X^2 - 3X^2 + 2KX$$

$$Y^2 + K^2 - 3X^2 + 2KX = 2R^2 - 2R^2\cos(\alpha/6)\cos(\alpha/2) - 4X^2 + 2KX$$

usando (1)

$$Y^2 + K^2 - 3X^2 + 2KX = 2R^2 - 2R^2\cos(\alpha/6)\cos(\alpha/2)$$
$$-4R^2\sin^2(\alpha/6) - 2KR\sin(\alpha/6)$$

usando (3)

$$Y^2 + K^2 - 3X^2 + 2KX = 2R^2 - 2R^2\cos(\alpha/6)\cos(\alpha/2)$$
$$- 4R^2\sin^2(\alpha/6) - 2R^2\sin(\alpha/2)\sin(\alpha/6)$$

$Y^2 + K^2 - 3X^2 + 2KX = 2R^2[1 - \cos(\alpha/6)\cos(\alpha/2)$

$$- 2\sin^2(\alpha/6) - \sin(\alpha/2)\sin(\alpha/6)]$$

ya que: $1 = \sin^2(\alpha/6) + \cos^2(\alpha/6)$

$Y^2 + K^2 - 3X^2 + 2KX = 2R^2[\sin^2(\alpha/6) + \cos^2(\alpha/6) - \cos(\alpha/6)\cos(\alpha/2)$

$$-2\sin^2(\alpha/6) - \sin(\alpha/2)\sin(\alpha/6)]$$

ya que:

$\cos(\alpha/6)\cos(\alpha/2) + \sin(\alpha/2)\sin(\alpha/6) = \cos(\alpha/2 - \alpha/6)$

$\cos(\alpha/6)\cos(\alpha/2) + \sin(\alpha/2)\sin(\alpha/6) = \cos(3\alpha/6 - \alpha/6) = \cos(\alpha/3)$

$Y^2 + K^2 - 3X^2 + 2KX = 2R^2[\sin^2(\alpha/6) + \cos^2(\alpha/6) - 2\sin^2(\alpha/6) - \cos(\alpha/3)]$

$Y^2 + K^2 - 3X^2 + 2KX = 2R^2[\cos^2(\alpha/6) - \sin^2(\alpha/6) - \cos(\alpha/3)]$

ya que:

$\cos(\alpha/3) = \cos^2(\alpha/6) - \sin^2(\alpha/6)$

$Y^2 + K^2 - 3X^2 + 2KX = 2R^2[\cos^2(\alpha/6) - \sin^2(\alpha/6) - \cos^2(\alpha/6) + \sin^2(\alpha/6)]$

$Y^2 + K^2 - 3X^2 + 2KX = 2R^2[0]$

$Y^2 + K^2 - 3X^2 + 2KX = 0$

$3X^2 - 2KX - Y^2 - K^2 = 0$ **(5)**

multiplicar por 3:

$9X^2 - 6KX - 3Y^2 - 3K^2 = 0$

$9X^2 - 6KX + K^2 - K^2 - 3Y^2 - 3K^2 = 0$

$(3X - K)^2 - K^2 - 3Y^2 - 3K^2 = 0$

$(3X - K)^2 - 3Y^2 = 4K^2$

$9(X - K/3)^2 - 3Y^2 = 4K^2$

$(X - K/3)^2 - Y^2/3 = 4K^2/9$

Dividamos por: $4K^2/9$

$[(X - K/3)^2 / 4K^2/9] - [(Y^2/3) / 4K^2/9] = 1$

$[(X - K/3)^2 / (2K/3)^2] - [Y^2 / (2(3)^{1/2}K/3)^2] = 1$

Es la ecuación de una hipérbole de la forma:

$(X-X_0)^2/a^2 - (Y-Y_0)^2/b^2 = 1$

$X_0 = + K/3$

$Y_0 = 0$

$a^2 = (2K/3)^2$

$b^2 = (2(3)^{1/2}K/3)^2$

cuyo centro es:

$X_c = +K/3$

$Y_c = 0$

Hipérbola 2

$$(X-X_0)^2/a^2 - (Y-Y_0)^2/b^2 = 1$$

$$X_0 = +K/3$$

$$Y_0 = 0$$

$$a^2 = (2K/3)^2$$

$$b^2 = [2(3)^{1/2}K/3]^2$$

$$X_c = +K/3$$

$$Y_c = 0$$

Esbozo de soluciones algebraicas para los puntos en el primer cuadrante para diferentes valores de α^0

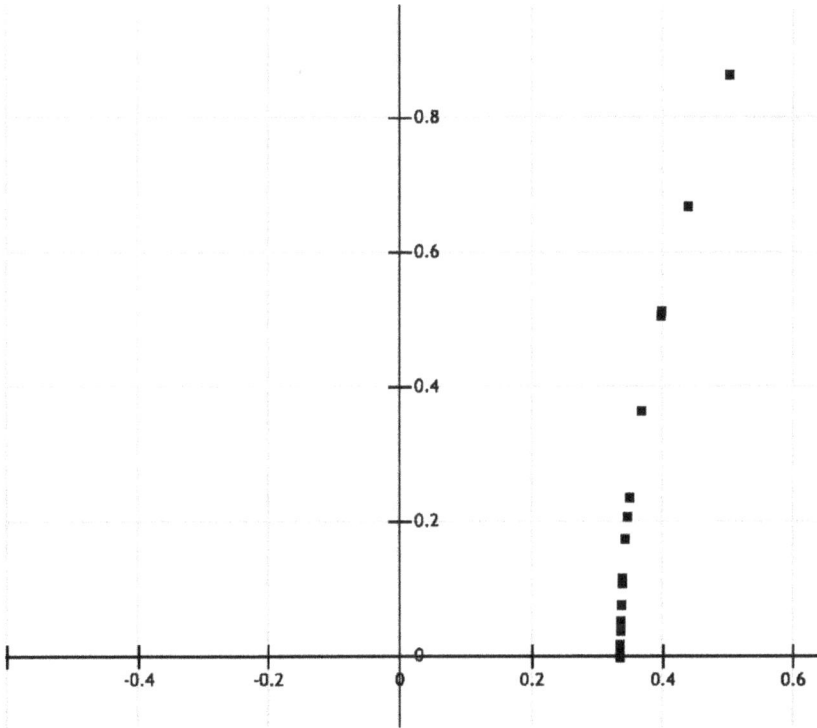

Figura 26 - Esbozo de soluciones algebraicas para los puntos en el primer cuadrante para diferentes valores de α^0

Esbozo de soluciones algebraicas para los puntos en el primero y el segundo cuadrante para diferentes valores de α^o

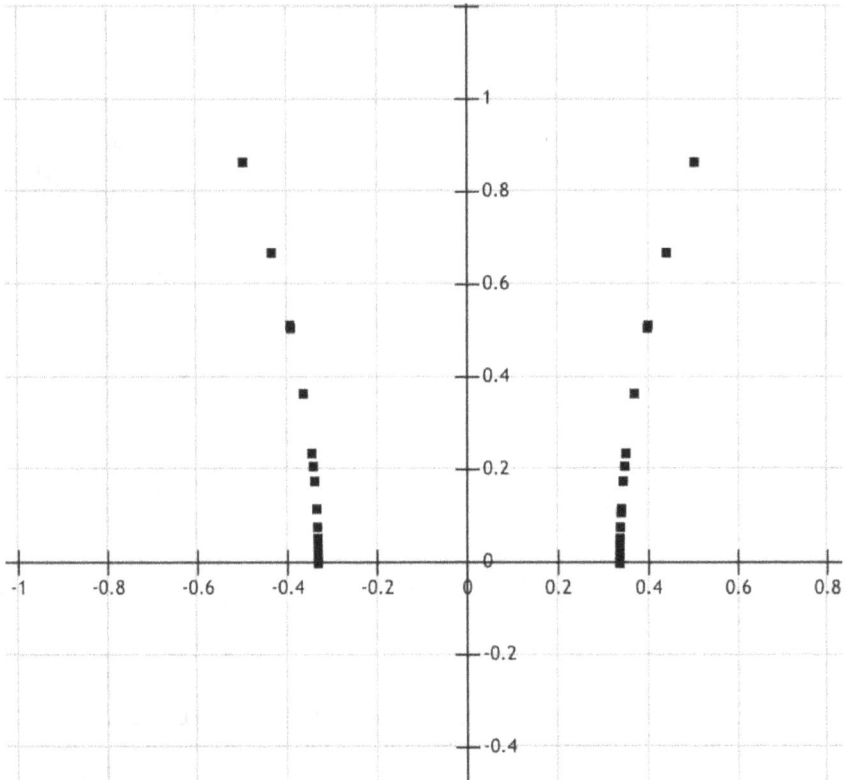

Figura 27 - Esbozo de soluciones algebraicas para los puntos en el primero y el segundo cuadrante para diferentes valores de α^o

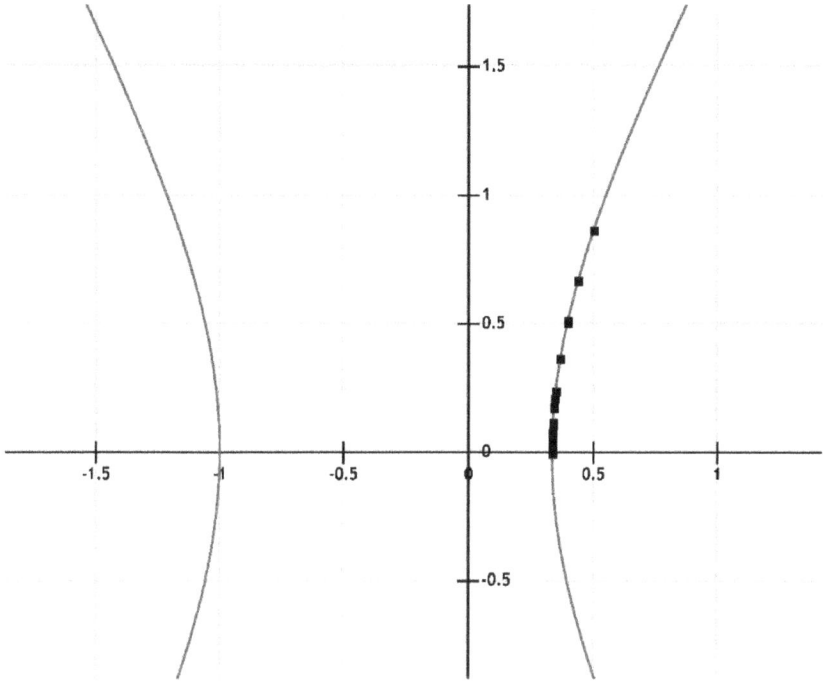

Figura 28 - Bosquejo de la hipérbole 1 (vista detallada)

Bosquejo de la hipérbole 1 (vista entera)

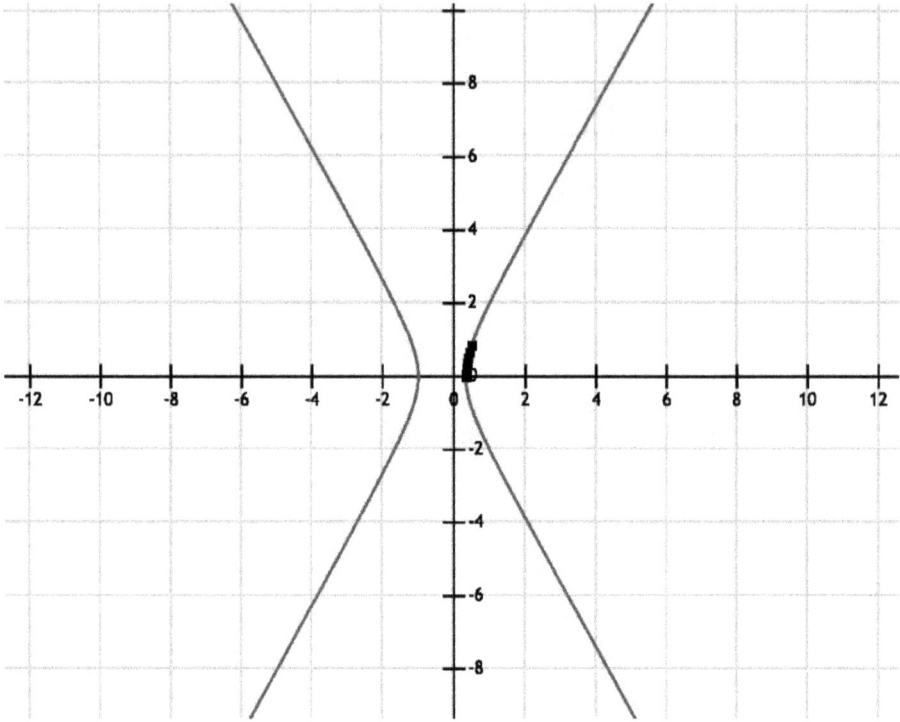

Figura 29 - Bosquejo de la hipérbole 1 (vista entera)

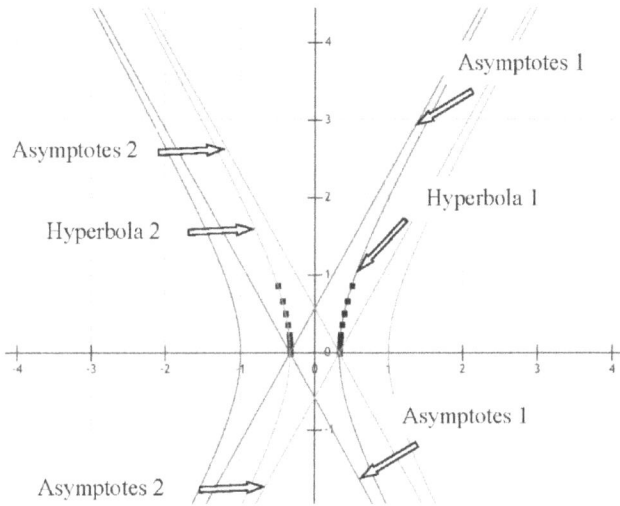

Figura 30 - Bosquejo de las hipérboles 1 and 2 con sus
asíntotas

Importante:

Hay que anotar que los puntos soluciones en el segundo cuadrante están sobre una hipérbole diferente de la solución de los puntos sobre el primer cuadrante. El análisis de este fenómeno reveló que los puntos sobre el primer cuadrante estaba sobre la hipérbole 1 definida por:

$$(X-X_0)^2/a^2 - (Y-Y_0)^2/b^2 = 1$$

con

$$X_0 = -K/3$$

$$Y_0 = 0$$

$$a = 2K/3 \qquad et \qquad b = 2K(3)^{1/2}/3$$

Esta hipérbole 1 es centrada a: $X = -K/3$ et $Y = 0$

Mientras que los puntos sobre el segundo cuadrante están sobre una hipérbole diferente definida por:

$$(X-X_0)^2/a^2 - (Y-Y_0)^2/b^2 = 1$$

con

$$X_0 = K/3$$

$$Y_0 = 0$$

$$a = 2K/3 \qquad et \qquad b = 2K(3)^{1/2}/3$$

Esta hipérbole 2 es centrada a: $X = K/3$ and $Y = 0$

Otra observación importante es el hecho de que una de los Ápices de la hipérbole 1 y una de los Ápices de la hipérbole 2 se

Trisección de un ángulo arbitraria α

encuentran sobre el eje de abscisas a +K/3 y -K/3. Estos puntos son las soluciones para α como igual a cero. Esto confirma que la solución para α como igual a cero, en la solución gráfica, es justificada cuando está colocada en la trisección del segmento BC. Por cierto, este método revelará varias características que podrán ser explotadas de ahora en adelante, pero esta investigación está más allá del objetivo de este estudio.

Conclusiones sobre la trisectriz del ángulo α

Así como se puede verlo, el método algebraico de la trisectriz del ángulo requiere mucho tiempo e implica muchos cálculos y transferencias de datos en el gráfico, hasta para ángulos muy conocidos α tal 180° y 90°. Las posibilidades de errores son importantes. Es la razón para la cual es necesario definir un gráfico medio de la trisección del ángulo α.

El objetivo de este estudio era demostrar que una solución gráfica es posible con la ayuda de un compás y con la ayuda de una escuadra tal como es especificada en el enunciado del problema. Este objetivo es conseguido con éxito. Toda persona que tiene un conocimiento de base de la geometría puede trazar la trisectriz de cualquier ángulo α con la ayuda de este método bastante simple de FLatortue.

¿ Por qué este problema ha sido clasificado como 'imposible' desde hace siglos sobrepasa el entendimiento? Sin embargo, gracias al método FLatortue, es esperado que será enseñada a todos los niveles de clase de geometría, insistiendo en el hecho de que, durante siglos, ha sido clasificado como 'imposible resolver'. La esperanza es que, en alguna parte del planeta, un estudiante inteligente será inspirado y abastecerá de las soluciones a otros problemas en la categoría de los 'problemas imposibles que hay que resolver'.

ANEXOS

Anexo 1 - Cómo construir la trisección del segmento BC.

1 - De L, trazarle el primer círculo de radio igual a LF y Ápice T, la intersección superior de este círculo con la línea FL.

2 - De T, trazarle un segundo círculo de radio igual a TL.

3 - Trazar la línea UV que úne la intersección de ambos círculos.

4 - Marco W, la intersección de UV con TB.

5 - Marco R y S, las intersecciones de la línea BC con un círculo centrado sobre L y de radio igual a LW.

6 - El segmento BR, RS y SC son las trisecciones del segmento BC.

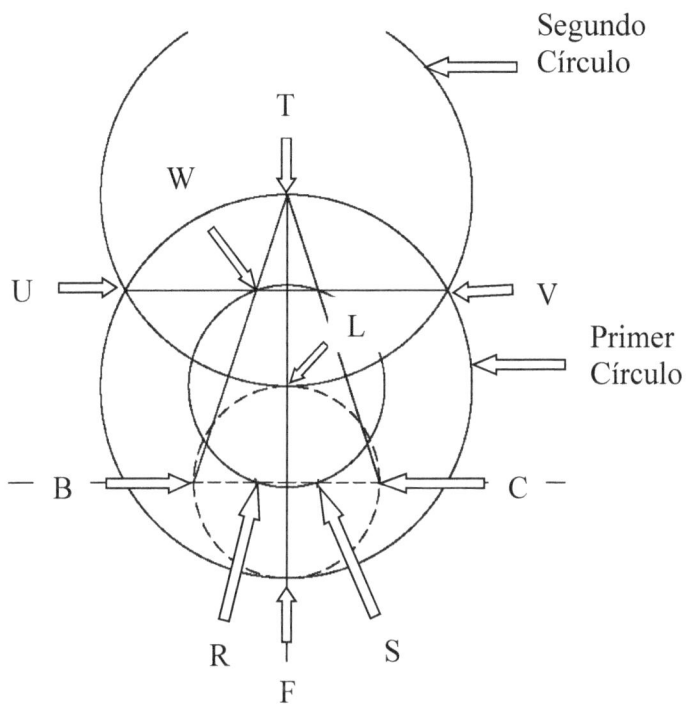

Figura 31 - Construir la trisección del segmento BC

Trisección de un ángulo arbitraria α

por Harold Florentino LATORTUE, PhD

Anexo 2 - Solución para α más grande que 180°

En primer lugar usted debe encontrar las soluciones de la trisectriz del ángulo $\phi = 360 - α$ quiénes son definidas por el ángulo $BAP_{2\phi}$, $P_{2\phi}AP_{1\phi}$ et $P_{1\phi}AC$ utilizando el método FLatortue para un ángulo inferior a 180°. Los ángulos α/3 soluciones para la trisectriz de α pueden ser trazados como sigue:

1 – Trazarle el Círculo C_{12} de centro A y de radio igual a AB.

2 – Marcar el punto $P'_{1\phi}$ imagen de $P_{1\phi}$ sobre el círculo C_{12} con relación al Centro A.

3 - Dibujar el círculo C_{13} con Centro $P'_{1\phi}$ y el radio igual a $P'_{1\phi}A$.

4 - Marcar el punto $P_{1α}$ la intersección del círculo C_{12} y fleja C_{13}.

5 - Trazar la línea $AP_{1α}$.

6 - Repetirle las etapas de1 a 5 para el punto $P_{2\phi}$ para dibujar la línea $AP_{2α}$ (Las etapas de $P_{2\phi}$ no son dibujados en la figura siguiente).

El ángulo $BAP_{2α}$, $P_{2α}AP_{1α}$ et $P_{1α}AC$ son los ángulos de la solución para la trisectriz de α.

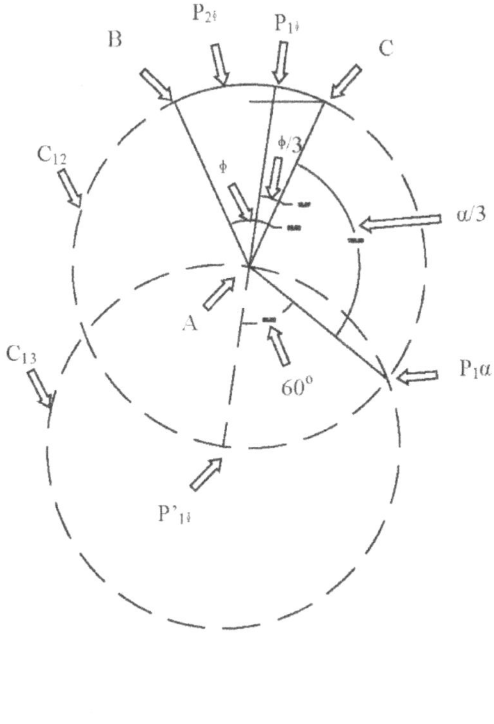

Figura 32 - Solución para α más grande que 180°

Trisección de un ángulo arbitraria α
por Harold Florentino LATORTUE, PhD

Biografía

Nacido en 1953 en Port au Prince (Haití), Dr. Harold Florentino Latortue ha obtenido varios diplomas entre los que están:

- Un Bachillerato en ingeniería civil (julio de 1977) de "Université d'Etat d'Haïti ", Haití Port-au-Prince

- Un Diploma de maestría en ciencias (diciembre de 1984) de Texas A & M University, College Station, Texas

- Un Doctorado (diciembre de 1986) de Texas A & M University, College Station, Texas

Dr. Latortue tiene una experiencia larga en el sector privado y la Administración pública. Sirvió varios puestos de niveles altos como:

o Aconsejar cerca del Presidente de Haití (2012)
o Aconsejarle cerca del Primer ministro de Haití (2011)
o Secretario de los Estados para el turismo, (2005)
o Director general del Ministerio del Turismo (2004)
o Miembro de Gabinete al Ministerio del Comercio (2004)
o Miembro del Gabinete al Ministerio del Turismo (2004)
o Director de Gabinete al Ministerio de las Obras públicas, los transportes y las comunicaciones (1993 y 1998)
o Director de los Recursos naturales al Ministerio de la Agricultura (1987)
o Aconsejar cerca del Consejo de administración a SocaBank
o Miembro del Consejo de administración de Unión School, Haití
o Aconsejar cerca del Director general de la Electricidad de Haití (1991)

Dr. Latortue habla Inglés, francés, español y creole haitiano.

Trisección de un ángulo arbitraria α

por Harold Florentino LATORTUE, PhD   Página 106

Índice de Materias

Índice de Figuras

www.ingramcontent.com/pod-product-compliance
Lightning Source LLC
Chambersburg PA
CBHW052109230326
41599CB00054B/5269